SHUDIAN XIANLU XUNSHI SHOUCE

输电线路巡视手册

刘亚新 主编

（第二版）

中国电力出版社
CHINA ELECTRIC POWER PRESS

图书在版编目(CIP)数据

输电线路巡视手册/刘亚新主编. —2 版. —北京：
中国电力出版社，2017.9（2022.12重印）
ISBN 978-7-5198-1053-5

Ⅰ.①输… Ⅱ.①刘… Ⅲ.①输电线路-技术手册
Ⅳ.①M726-62

中国版本图书馆 CIP 数据核字(2017)第 194718 号

出版发行：	中国电力出版社	印　刷：	三河市百盛印装有限公司
地　址：	北京市东城区北京站西街 19 号	版　次：	2004 年 2 月第一版
	（邮政编码 100005）		2017 年第二版
网　址：	http://www.cepp.sgcc.com.cn	印　次：	2022 年12 月第十次印刷
责任编辑：	吴　冰（010-63412356）	开　本：	787 毫米×1092 毫米　64 开本
责任校对：	朱丽芳	印　张：	2.125
装帧设计：	王英磊　赵姗姗	字　数：	38 千字
责任印制：	邹树群	印　数：	27001—27500册
		定　价：	15.00 元

内 容 提 要

《高压输电线路巡视手册》自 2004 年出版至今的十余间，技术的进步很快，相关标准也有完善、更新，因此山西省电力公司及冀北电力有限公司组织专家对该书进行修订，形成了《输电线路巡视手册(第二版)》。

本书在第一版基础上，按照 GB 26859—2011《电力安全工作规程(电力线路部分)》、DL/T 741—2010《架空输电线路运行规程》、GB/T 28813—2012《±800kV 直流架空输电线路运行规程》、DL/T 307—2010《1000kV 交流架空输电线路运行规程》等对书中相应内容进行修改，增加了超高压、特高压线路巡视，无人机巡视，适用电压等级由 35～500kV 调整为 110(66)～1000kV，书名亦做了相应修改。

希望本书的再版能够继续为电力线路巡视工作提供有益的参考和借鉴！

编写人员名单

主　编　刘亚新

编写人员　张士利　郑建钢　郭昕阳　卢　钢　尹振生

　　　　　　胡春雄　王　捷　邹少峰　贾雷亮　卢毛喜

　　　　　　何立森　邱　鹏　薛　卿　李　楠　侯子龙

序

　　巡线是输电线路运行管理的基础工作，《输电线路巡视手册》的付印，对于规范线路专业管理，提高线路运行水平，保证电网安全、可靠运行具有重要意义。

　　《输电线路巡视手册》由山西省电力公司和冀北电力有限公司组织有多年线路运行管理经验的基层技术人员编制，内容包括对巡视人员的要求、巡视方法、内容、种类和安全措施、线路的缺陷和隐患、典型巡线方法及有关运行标准。值得指出的是，在多年的线路运行管理中，巡视人员总结了不少行之有效的巡线方法，如"张士利29点巡线法"、"王捷29点巡线法要诀"等。《输电线路巡视手册》来源于生产实践，并经实践检验证明是正确有效的，是线路人集体智慧的结晶。

希望从事线路专业工作的干部、职工认真学习，并贯彻于输电线路运行管理中去，以保证输电网的安全、经济运行。

编　者

二〇一七年五月二十五日

目　录

序

1 适用范围

本手册适用于 110（66）～1000kV 交流输电线路及特高压直流输电线路的巡视工作，其他电压等级线路可参照执行。

2 引 用 标 准

下列文件凡是注日期的引用文件，仅注日期的版本适用于本文件。凡是不注日期的引用文件，其最新版本（包括所有的修改单）适用于本文件。

(1)《中华人民共和国电力法》。

(2)《电力设施保护条例》。

(3)《电力设施保护条例实施细则》。

(4) GB 50790《±800kV 直流架空输电线路设计规范》。

(5) GB 26859《电力安全工作规程（电力线路部分）》。

(6) GB/T 28813《±800kV 直流架空输电线路运行规程》。

(7) DL/T 307《1000kV 交流架空输电线路运行规程》。

(8) DL/T 741《架空输电线路运行规程》。

(9) DL/T 5092《110kV～500kV 架空送电线路设计技术规程》。

(10)《电力金具手册》。

3　巡视人员

3.1　责　　任

3.1.1　线路巡视由巡视人员负责，并接受上级部门及分管领导的考核与检查。

3.1.2　线路巡视人员对班长负责，按照规定的时间和要求完成巡视任务。

3.1.3　线路巡视人员必须掌握责任线路的运行状态，对存在的缺陷必须及时、准确地填报缺陷，不得漏报、误报和虚报。巡视记录应真实、完整、详细，在有效追溯期内能够反映巡视内容和缺陷变化情况。

3.1.4 线路巡视人员必须熟悉线路沿线环境变化情况，及时发现隐患，予以解决并上报，对危及线路安全运行的行为应依法制止。

3.2 要 求

3.2.1 巡视人员应学习和熟悉《中华人民共和国电力法》《中华人民共和国森林法》《中华人民共和国煤炭法》《中华人民共和国防洪法》《中华人民共和国公路法》《中华人民共和国铁路法》《中华人民共和国消防法》《电力设施保护条例》《电力设施保护条例实施细则》等法律法规，依法管线护线，积极开展护线宣传工作，协助建立护线员队伍。

3.2.2　巡视人员应熟悉有关规程和技术标准，熟悉线路参数，及时发现设备倾向性问题，掌握设备缺陷变化规律和特征，为设备检修和综合整治提供指导性意见。

3.2.3　巡视人员在巡视中必须保证到位，并能及时准确地发现设备缺陷、异常。

3.2.4　巡视人员应详细检查沿线环境有无影响线路安全的隐患、线路有无影响运行的缺陷、附属设施是否齐全等。

3.2.5　巡视人员应了解线路周边环境、地形地貌状况和气候特征，能够绘制交通草图，划分特殊区域，抓住线路巡视重点和设备预控点，尤其对易发展的缺陷要跟踪检查，提出针对性防范措施。

3.2.6　巡视人员巡线时发现设备危急缺陷或设备遭到外力

破坏等情况，应立即采取措施并向上级或有关部门报告，以便尽快予以处理。

3.2.7 对线路保护区发生栽种树木、修建道路、兴建房屋、取土采石、架设管线等危及线路安全运行的行为，巡视人员应预见到这些行为对线路的潜在危险，及时与当事人联系，下发《安全隐患告知书》，予以纠正，并取得对方签字或盖章的回执。

3.2.8 巡视人员检查线路的设备标志、警示标志是否齐全、完整，确有问题的要及时上报。对由于设备和环境发生变化需加装设备标志或警示标志的杆塔区域，应提出具体安装意见。

3.2.9 巡视人员在巡线过程中，应对上次检修结果进行验收，并做出评价。

3.2.10　巡视人员在巡线过程中，应根据安排和规范要求，消除设备现场可处理缺陷，开展通道维护，依法清理线路保护区内不符合标准的树木、交叉跨越和违章物。

3.2.11　巡视人员依据巡线结果，提供线路需要进行检测及维修的具体项目、内容和范围。

3.2.12　在故障巡视时，巡视人员必须按要求巡完线路，不得遗漏或出现空白点。发现故障点时需及时逐级上报，不得隐瞒和虚报，并注意保护现场，留存原始物件。确未发现故障点，要对巡视质量负责并及时报告结果。线路巡视人员要参加事故、障碍调查分析。

3.2.13　巡视人员应依据巡视结果，认真填写巡视记录、缺陷记录和外部隐患（树障、建构筑物、交叉跨越及线下施工等）信息资料，并做到数据准确、信息可靠。

3.2.14 巡视人员应努力学习，不断提高技术水平，了解线路新设备的性能、用途，能够在巡视过程中应用新型工具、仪器，开展线路检查、测试，能够应用现代化手段，记录巡线结果，保证巡视质量。

3.3 工 作 目 标

3.3.1 巡视人员无轻伤、无异常、无违章行为。

3.3.2 巡视人员按照 DL/T 741《架空输电线路运行规程》和本单位线路巡视工作标准，进行巡线工作。

3.3.3 巡视人员巡视线路做到无责任障碍发生。

3.3.4 巡视必须到位，缺陷发现及时、准确。

3.3.5 台账登记无差错，缺陷无漏记。

4　巡　视

4.1　目　的

线路的巡视是为了经常掌握线路的运行情况，及时发现线路本体、附属设施以及线路保护区出现的缺陷或隐患，近距离对线路进行观测、检查、记录，并为线路检修、维护及状态评价（评估）等提供依据。

4.2　种　类

巡视种类见表1。

4　巡　视

表 1   巡视种类

种类	目的	区段	周期
定期巡视	经常掌握运行状况，及时发现设备异常	全线	一般每月一次，结合状态可延长或缩短
故障巡视	快速找到故障点，查明原因，及时采取防范措施	全线或某段	故障后立即进行
特殊巡视	掌握气候剧烈变化、异常运行、保电期间设备状况和某些缺陷的发展演变情况	全线某段或部件	根据需要随时进行
夜间巡视	检查导线连接部位有无发热，绝缘子有无污秽放电现象及鸟类活动情况	全线某段或部件	每年至少一次，根据运行环境或复合情况适当增加

种类	目的	区段	周期
监察巡视	领导和技术人员应了解运行情况，检查、指导巡视人员的工作	全线或某段	每年至少一次
登杆塔检查	弥补地面巡视工作的不足	全线某段或部件	每年至少一次
交叉巡视	克服技术水平、习惯性思维的局限性，达到互补目的	全线或某段	每年至少一次
飞行器巡视	与人工协同，开展巡视工作	全线或某段	根据需要开展
机器人巡视	与人工协同，开展巡视工作	全线或某段	根据需要开展

5 巡视与检查

5.1 定期巡视

5.1.1 定义：在规定的时间或规定的一段时间内对线路的巡视。

5.1.2 方式：

1）采用车辆到现场接、送多个巡线小组的方式为集体巡视。

2）小组人员自行乘车或步行到达及离开现场为小组巡视。

5.1.3 特点：

1）每个巡视小组都有自己的巡视着重点和巡视方法。

2）巡视小组在现场对线路情况需要做自行分析、判断。

3）由于沿线环境的变化、气候的变化、运行情况的变化，结合工作安排，每次巡视的侧重点是不一样的。

4）定期巡视是现场落实第一手资料的最好时机。比如，这次巡视捎带登记绝缘架空地线的悬挂点接地塔号，每次登记一种杆型等。这样日积月累，可以更好地完善设备台账。

5.1.4 要求：

1）布置。班组要对巡视小组的工作进行详细安排，包括：起止界点、巡线标记及位置、一般巡视项目、重点巡视项目、落实项目、验收项目及从事加螺帽、剪树枝等工作，对外联系或送安全隐患告知书，巡视技术措施及安全措施等。

2）出发前的准备。翻阅将要巡视线路的运行分析、测量台账、巡线台账、检修台账、设备台账、缺陷台账，抄录与巡线有关的内容。

书面写出巡线的任务，书面编制技术措施、安全措施。

书面列出每日乘车点、巡线起止点、住宿点。

为防止遗忘，书面列出所需钱、物，出发时逐一核实，包括费用、笔、本、书面巡线任务、书面措施、巡线标记笔、小材料、望远镜、钢卷尺、衣物、鞋帽等，有电子巡视设备时，还应带上相应仪器及足够的电池。

3）巡视方法。巡视时，设法从不同角度观察线路每个部件的各个面，查找其中的异常情况。

为充分发挥每个巡视人员的各自特长，可采用交叉巡线的方法巡视线路。

4）缺陷登记。一定要现场记录缺陷。这样做，可以防止缺陷遗漏，防止把缺陷所在杆号、位置搞错。

缺陷登记的项目应包括电压等级，线路名称（双回线应注明双重称号），杆号，缺陷位置，缺陷内容（特殊时可附图说明），处理所需材料名称、规格、数量，巡视日期，巡视人员等。

5）缺陷汇总。巡视小组将缺陷记录全部填写齐全，面交班组技术人员，技术人员负责审核、签收，并注明交接日期，经过班长审查、签字，技术人员将缺陷登记在台账上，并上报。

6）总结评比。班组召开巡视总结会。巡视小组根据班组在出发前的安排逐项汇报，汇报时要提出自己的意见。班长介绍自己检查各小组巡视情况，对巡视进行评比总结。

5.2 故障巡视

5.2.1 准备：应了解继电保护动作情况及雷电定位系统或其他系统情况，依据这些系统提供的数据，结合当时、当地气候特点，基本判定故障的类型。准备必要的工具和器材，如安全带、脚扣、望远镜、照相机、测高仪、接地电阻测试仪、GPS 定位仪等。

5.2.2 要求：线路发生故障时，不论重合是否成功，均应及时组织故障巡视，必要时进行登杆塔检查。巡视中，巡视人员应将所分担的巡线区段全部巡完，不得中断或遗漏。巡视人员应把访问当地百姓和当时路经人员作为快速有效查找故障点的重要环节。

发现故障点后及时报告，重大事故应设法保护现场。对所发现的可能造成故障的物件搜集带回，并对故障现场做好详细记录，以作为事故分析的依据和参考。

5.2.3 各种故障巡视：

1）雷击。一般均能重合成功，但瓷质绝缘子零值或低值较多时，有可能炸裂钢帽引起掉线，形成永久性故障。一般雷击绝缘子串两端表面有较大闪络烧痕，槽内有烟熏的黑色痕迹。绝缘子串中间烧伤点一般不明显，甚至有的中间无烧痕。架空地线放电间隙、接地引下线与塔身连接处有放电痕迹。导线与距离比较接近的接地体（横担、电杆、塔身）之间形成放电通道。在以下部件可寻找到放电痕迹：导线、跳线、碗头、均压环、横担、电杆或铁塔。

2）风偏。一般故障发生后重合复掉，但有时强送可成功。由于风偏是导线对塔体、构筑物的放电，有时绝缘子会完好无损。耐张塔大多发生在跳线上，直线塔主要发生在悬挂点垂直档距较小或出现负值的导线上，特别是将瓷质或玻璃绝缘子更换为合成绝缘子的上述杆塔，尤其要引起注意。其次，线路改造更换杆塔后，有时会出现导线排列方式的改变或挂点高度的改变，都可能引起本塔和相邻杆塔的垂直档距发生变化。另外，导线旁临近的山坡、树木、交叉跨越和新增建筑物也能造成风偏放电故障。所以检查时要特别注意。

3）鸟害。大多在鸟类迁徙季节（10月至次年4月）的夜间发生，一般是单相故障，均能重合成功。北方地区鸟害故障的原因，一般以鸟排泄粪便形成通道居多，在横担上和杆塔下会有大量鸟粪，绝缘子两端有放电烧痕，但仍能继续运行。发生故障的数日内，在故障杆塔的前后数基杆塔上，如果仍有鸟类歇息停留，亦有可能再次引起故障。

4）污闪。常发生在大雾、毛毛雨、雨夹雪等潮湿的天气。从发生污闪的时间上看，大都是后半夜和清晨。污闪事故发生多是大面积的，很多条线路发生。一般能够重合成功，但较短的时间又发生跳闸，往往发展成永久性故障。

5）覆冰。在冷却到 0℃ 及以下的云中，水滴与输电线路导线表面碰撞并冻结时，产生覆冰现象。具有足可冻结的气温，即 0℃ 以下；具有较高的湿度，即空气相对湿度一般在 85% 以上；具有可使空气中水滴流动之风速，即大于 1m/s 的风速，这些是导线覆冰必要气象条件。

输电线路导线覆冰主要发生在 11 月至次年 4 月，尤其是在入冬和春寒时，覆冰发生概率最高。线路迎风面在冬季覆冰较背风面严重。在相同的地理环境下，海拔越高覆冰就越严重。导线悬挂高度越高，覆冰越严重。线路覆冰危害主要有：绝缘子闪络跳闸、螺栓松动、脱落、金具、绝缘子、跳线损坏、导线断股、断线、塔材、基础受损、倒塔、相间跳闸、闪络、相地短路以及混线跳闸等。

5.3 特殊区域巡视

5.3.1 重污区巡视：是指对周围有污源或上风口有较重污源及虽污秽不明显但绝缘配置偏低的线路区段进行的巡视。

要求：

1）每年至少应在早春和秋末专项巡视一次，大雾天重污染区域杆塔绝缘子须加强观察。

2）应了解污源位置、污物类型，并依法下发《安全隐患告知书》，责令拆除。

3）观察绝缘子积污状态及速度，检查线路绝缘配置与污秽等级是否相符，各污秽等级与统一爬电比距的关系见图1、图2。

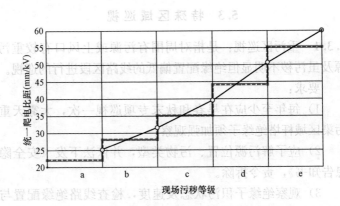

图1 统一爬电比距和交流现场污秽等级的关系

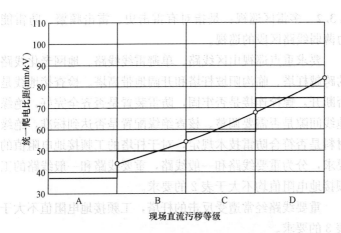

图 2　统一爬电比距和直流现场污秽等级的关系

5.3.2 多雷区巡视：是指对有雷击史、雷击频繁、防雷能力薄弱线路区段的巡视。

要求重点巡视山区线路、单避雷线线路、地网老化线路的跨越杆塔、临沟阳坡杆塔和开阔地带高塔。检查接地线是否断开，螺栓连接是否牢固，防雷装置是否齐全完好，绝缘地线间隙是否需要调整。核查绝缘配置是否达到标准，绝缘材料是否符合防雷技术规定，对于杆塔的工频接地电阻值的要求，分为重要线路和一般线路，重要线路和一般线路的工频接地电阻值均不大于表2的要求。

重要线路经常遭受反击的杆塔，工频接地电阻值不大于表3的要求。

表2　　　　一般线路、重要线路杆塔的工频接地电阻

土壤电阻率（Ω·m）	≤100	100～500	500～1000	1000～2000	2000
接地电阻（Ω）	10	15	20	25	30

注　如土壤电阻率超过2000Ω·m，接地电阻很难降到30Ω时，可采用
　　6～8根总长不超过500m的放射形接地体，或采用连续伸长接地体，
　　接地电阻可不受限制。

表3　　　　重要线路易击杆塔的工频接地电阻

土壤电阻率（Ω·m）	≤100	100～500	>500
接地电阻（Ω）	7	10	15

注　重要同塔多回线路杆塔工频接地电阻宜降到10Ω以下；一般同塔多回线
　　路杆塔宜降到12Ω以下。

5.3.3 鸟类活动区巡视：是指对线路鸟类活动频繁的线路段，候鸟栖息活动区的巡视。

各种地区鸟的种类不同、活动时间不同、危害程度不同，故应掌握鸟的活动特征和规律，了解鸟类活动区段。在鸟害多发季节前，重点检查临近水源杆塔、开阔地高塔、有鸟害史杆塔。观察绝缘子积粪状况，提供清扫意见。提供防鸟害装置安装区域。检查防鸟装置是否完好、有效。

5.3.4 易受外力破坏区巡视：指在人员、车辆、机械活动频繁区段，在偷盗现象严重区段，为防止由于人为因素使线路遭受破坏的巡视。

要求：

1) 巡视人员应熟悉《中华人民共和国电力法》《电力设

施保护条例》等法律法规，自觉应用有关条款开展工作。主动向群众宣传保护电力设施的意义，积极发展群众护线员，努力建立各级领导参与的护线网络。

2）外力破坏大多表现为盗窃塔材、炸伤导线、杆基周围取土、损坏标志及车辆、机械触碰带电体等内容。应重点检查塔材和拉线防盗措施、基础周边取土、导线对路和建筑物距离。重点监视如下情况：在线路保护区内修路、建房、架线、开矿、打井；在线路附近爆破、炸石以及市政、道路等违章施工。

3）发现违章施工和外力破坏隐患，应当面制止，并下达《安全隐患告知书》，必要时函件抄送有关部门。

4）发现杆塔防盗装置不全和损坏的，要立即上报补加。

5）应建立各基杆塔所在村庄名称、业主姓名及地貌状况的环境台账。

5.3.5 树木生长区巡视：指对线路通过杨树、柳树、经济林区、街道绿化区、防护林带等多树区域的巡视。

要求：

1）巡视人员要区分和掌握一般线路防护区与林区、绿化区域、街道树木不同的运行防护标准，不得相互混淆、等同看待。

2）在执行线路保护标准时要坚持不妨碍运行的原则，具体情况具体处理。

3）线路保护区内高大树种和特殊地段树木要建立台账登记，并与树主签订安全协议，依法协商解决。

4）树木削尖要掌握季节时间，每年宜在果农剪枝时进行。对施工遗留树木和架线栽种的树木，要积极与树主联系商量处理，并及时上报。

5）七、八月份，在水源充分的下湿地和沟渠旁的杨树、柳树、果树，高度增长很快，而最高气温的导线弧垂很大，两者距离接近，易酿成放电事故。这种事故常发生在难以穿入、难以观察的大片高秆农作物（玉米、高粱）地之中。在林区，也有难以穿入、难以观察树木与导线接近的地方。遇到这些地带，要设法看清导线下方是否有突出树梢的存在。

6）应了解树木生长常识，掌握各类树木自然生长高度，以便按防护标准处理。树木自然生长高度见表4。

表4　　　　　　　　　树木自然生长高度　　　　　　　　（m）

树种	高度	树种	高度	树种	高度
苹果树	3～5	杉木树	30～40	核桃树	10～15
楸树	15～20	枣树	15	梨树	10～20
山杨树	25	毛白杨树	40	旱柳树	20
垂柳树	18	松树	20～50	柏树	30
槐树	15～20	白榆树	25	泡桐树	27

5.3.6 强风区巡视：指对处于风力较大地段（山顶、风口）线路的巡视。

要求：

1）应检查有无基础回填土下沉，杆塔倾斜，塔材丢失，塔身螺栓松动，拉线松弛，弹簧销、开口销丢失损坏，防振金具失效，联结金具磨损严重，跳线弧垂过大等。

2) 直线杆塔上拔导线是否采取悬挂重锤措施。导线两侧高大建筑物、凸出物是否坚固可靠。线路周围塑料布、干草枝等物是否有刮上导线和横担的可能。通道边缘超高树是否有被刮倒或碰触导线的可能。

3) 被跨电力线或通信线交叉距离是否合格，被跨线档距是否过大且相邻档高差很大，有无形成舞动的可能。

5.3.7 洪水冲刷区巡视：是指对易被洪水冲刷的、处在山谷口、河道旁和水库下游区域线路杆塔的巡视。

要求：

1) 巡视人员应检查基础回填土是否牢固充分。山区丘陵地段的暗水道有无侵蚀塔基的隐患。

  2）基础护坡是否坚固、山腰杆塔有无防洪措施，河水有无改道冲刷杆塔的可能。

  3）受洪水浸泡的杆塔基础有无滑坡塌方的危险。河堤、水库出险是否会危及线路。

5.3.8 覆冰区巡视：是指对处在易覆冰区域线路的巡视。

  要求应检查是否有塔材丢失、螺栓松动、金具损坏等情况，检查绝缘子串覆冰是否会闪络放电，覆冰的导、地线是否会混线、断线，线路加装的防冰、隔冰装置是否有效。同时要观察风力大小、积雪厚度和覆冰类型。

5.3.9 不良地质区巡视：是指对杆塔及基础受周围岩土运动影响易发生塌陷、倾斜和倒塌等地区，如采动、塌陷、泥石流、山体滑坡等多发地区的巡视。

　　要求是检查杆塔有无基础下沉、变形，杆塔倾斜、位移，绝缘子串倾斜、导地线弧垂变化，拉线松弛、螺栓松动，地表裂缝，深度变化等情况；检查是否存在引起通道环境变化的情况。由于大雨、暴雨对该区域影响较大，要注意雨后即使安排巡视。

5.3.10 易建房区巡视：是指对线路通过易建房的村镇旁、开发区旁、公路旁和城乡结合部等新兴发展区域的巡视。

　　要求是主要注意正在规划和准备建房的迹象。防止建房使用的脚手架、塔吊等超高机具对线路的威胁。检查房屋对导线的安全距离，房顶及地面是否堆放易燃易爆物、竖立天线等凸出物。遇有违章现象应向业主下达《安全隐患告知书》，并采取防范措施。

5.4　光缆巡视

5.4.1　定义：是指对电力线路架空地线复合光缆和通信光缆（OPGW/ADSS）的巡视。

5.4.2　要求：

　　1）检查 OPGW 光缆是否有锈蚀、断股、扭绞、损伤。

　　2）检查 OPGW/ADSS 光缆弛度变化，与导线间距离，OPGW/ADSS 光缆跳线与塔材间距。

　　3）检查 OPGW/ADSS 光缆悬垂金具和耐张金具是否有锈蚀、损伤、位移，开口销是否缺少，OPGW 光缆防振锤有无锈蚀、损伤、位移等。

4）检查 OPGW 光缆专用接地线与塔材连接，OPGW 光缆余缆盘架、接线盒与塔材的固定、损坏。

5）检查 OPGW/ADSS 光缆上悬挂附着物。

5.5 电缆巡视

5.5.1 定义：指对直埋或敷设于隧道、沟内的 500kV 及以下的交流电缆及路径、电缆终端杆塔、电缆附件等的巡视。

5.5.2 要求：

1）电缆的巡视周期：

a）电缆路径路面及户外终端巡视：66kV 及以上电缆线路每半个月巡视一次，35kV 及以下电缆线路每月巡视一次，发电厂、变电站内电缆线路每 3 个月巡视一次。

b）除 a）外，对整个电缆线路每 3 个月巡视一次。

c）35kV 及以下开关柜、分接箱、环网柜内的电缆终端每 2～3 年结合停电巡视检查一次。

d）水底电缆线路应至少每年巡视一次。

e）对于城市排水系统泵站电缆线路，在每年汛期前进行巡视。

2）在雨雪季节应缩短巡视周期。尤其是雨季，在每次大雨后，都应对位于道路中间或两侧、其他临近河岸两侧等容易发生漏水或冲刷的电缆路径、沟道、隧道进行检查。

3）巡视隧道内敷设电缆时，应做好如下准备工作：

a）携带手电筒、记录本、人井盖开启工具，佩戴防毒面具。

b) 进入电缆隧道以前，先开启人井盖并将照明电源和通风电源打开，经检查电缆隧道内无积水现象并等待隧道内氧气含量充足、有毒气体排尽后方可进入隧道。

c) 如电缆隧道内有积水，必须先将积水抽干后方可进入。

d) 当人井盖位于街道、公路、厂矿等有行人、车辆通行的地区时，开启人井盖以后，一定要有专人在人井盖附近看守，并设立警告标志。

e) 对于临近污水管道、煤气管道、自来水管道等有可能泄漏、产生有毒气体的电缆隧道，进入以前应先用专用设备测试有毒气体、二氧化碳等气体的含量。

4) 隧道内电缆检查内容：

a) 隧道内的照明设施、通风设施、排水设施及防火等附属设施是否完好，隧道地面及积水井有无积水，隧道壁有无渗水、水泥剥落等现象。

b) 隧道内的温度是否异常。

c) 电缆本体的外观有无损伤、位置是否正常、是否有蠕动现象，与墙体或电缆穿管有无摩擦现象、中间接头是否有发热、封堵不严现象，电缆有无浸水现象等。

d) 电缆支架是否完好、位置是否正常、接地部分焊接处是否完好。

e) 电缆穿管及封堵物有无破损，电缆的相序、名称等标志是否损坏、失落，电缆的外皮接地及交联接地是否完好。

f）电缆夹具是否完好、松动，夹具内的衬垫物是否完好。

g）电缆及支架上是否帮扎有异物，有无新敷设的其他电缆、光缆等。

5）电缆路径的检查包括：

a）查看路面是否正常，有无挖掘、水冲痕迹及线路标志桩是否完整无缺，路径上是否有开挖、建筑、修建道路等施工作业，如有应立即制止并上报。

b）电缆路径上有无堆放重物、酸碱性排泄物、堆砌石灰坑及易燃物等现象，尤其是对于直埋电缆更需注意。

c）电缆沟道或隧道的人井及井盖是否完好，有无漏水现象。

　　d）检查沟道内防火隔墙是否密封良好。

　　6）电缆终端塔（杆）的检查包括：

　　a）电缆保护管及封堵物是否完好，各类标志是否齐全，尤其注意位于临近道路的终端杆塔。

　　b）电缆固定夹具是否完好，衬垫物是否完好。

　　c）电缆外皮接地是否完好。

　　d）电缆终端头和避雷器的伞裙是否完好，固定是否牢固，与导线的连接是否可靠，污秽是否严重。

　　e）避雷器计数器是否完好。

5.6　季节性和特殊时期巡视

5.6.1　季节性巡视

1) 一季度：

a) 特点：低温干燥，导地线张力大，山林区易发生火灾。

b) 巡视重点：易受外力破坏区重点巡视，导地线断股检查发，金具损伤检查，山区防火检查，重污区检查，防覆冰及冰闪设施的检查。

c) 预控点：提出重污区清扫范围，防止季末雨夹雪天气污闪和覆冰闪络，防止违章建筑物的大面积开工，控制通道内植树。

2) 二季度：

a) 特点：人员田间活动频繁，树木生长快，交叉跨越建设项目多，季风增多，风力增大，气温升高。

b）巡视重点：通道内的树木检查，交叉跨越物的检查，杆塔导地线异物检查，基础回填土的检查，杆塔拉线检查。

c）预控点：接地装置连接是否可靠，地网是否锈蚀严重或断开，防雷设施是否齐全有效，防护区树木是否得到处理，基础护坡是否牢固。

3）三季度：

a）特点：气温升高，导地线弛度增大，雷电活动频繁，易发洪水。

b）巡视重点：通道内树木尤其是超高树（根部虫蛀腐烂）的检查，杆塔和拉线基础检查，交叉跨越距离的测量检查，防雷设施的检查，夜间对大负荷线路连接器的检查，污源及重污区的检查。

　　c）预控点：防洪设施是否齐全、有效。

　　4）四季度：

　　a）特点：气温低，风力大，积污快，有冰、雪。

　　b）巡视重点：鸟类活动情况，重污区检查，导地线接头检查，防冰闪设施的检查，滑坡塌陷（采空区）检查。

　　c）预控点：防鸟设施是否齐全、有效，重污区监督。

5.6.2　特殊时期巡视：是指在有保电要求时期的线路巡视。

　　要求根据平时掌握的线路运行有关资料，结合当时的季节特点，对易发生突发性事件的区段或部件进行巡查或重点巡视，使设备安全度过保电期。保电时期还应做好设备抢修的一切准备。

5.7　无人机巡视

5.7.1　定义：以无人机为平台，搭载可见光、红外、紫外等任务传感器对线路本体、附属设施以及线路通道进行巡视和检测。

5.7.2　准备：无人机巡视前，作业人员应明确无人机巡检作业流程，进行现场勘查，确定作业内容和无人机起、降点位置，了解巡检线路情况、海拔高度、地形地貌、气象环境、植被分布、所需空域等，并根据巡检内容合理制订巡检计划。应向空管部门报批巡检计划，履行空域申请手续，并严格遵守相关规定。作业人员应在作业前准备好工器具及备品备件等物资，完成无人机巡检系统检查，确保各部件工作正常。

5.7.3 要求：根据线路运行情况、巡检要求，选择搭载可见光相机/摄像机、红外热像仪、紫外成像仪、三维激光扫描仪等设备对输电线路设备、设施等进行检查。

6 巡视的安全措施

6.0.1 巡线工作应由有电力线路工作经验的人员担当。单独巡线人员应考试合格并经班组批准。在电缆隧道、偏僻山区和夜间巡线时应由 2 人进行。汛期、暑天、雪天等恶劣天气巡线，必要时由 2 人进行。单人巡线时，禁止攀登电杆和铁塔。进行 1000kV 输电线路巡视工作时，每组成员不得少于 2 人。

6.0.2 地震、台风、洪水、泥石流等灾害发生时，禁止巡视灾害现场。灾害发生后，如需要对线路、设备进行巡视时，应制定必要的安全措施，得到设备运维管理单位批准，并至少 2 人一组，巡视人员应与派出部门之间保持通信联络。

6.0.3 正常巡视应穿绝缘鞋；雨雪、大风天气或事故巡线，巡视人员应穿绝缘靴或绝缘鞋；汛期、暑天、雪天等恶劣天气和山区巡线应配备必要的防护用具、自救器具和药品；夜间巡线应携带足够的照明工具。

6.0.4 夜间巡线应沿线路外侧进行；大风时，巡线应沿线路上风侧前进，以免万一触及断落的导线；特殊巡视应注意选择路线，防止洪水、塌方、恶劣天气等对人的伤害。巡线时禁止涉渡。

6.0.5 事故巡线应始终认为线路带电。即使明知该线路已停电，亦应认为线路随时有恢复送电的可能。

6.0.6　巡线人员发现导线、电缆断落地面或悬挂空中，应设法防止行人靠近断线地点 8m 以内，以免跨步电压伤人，并迅速报告调控人员和上级，等候处理。

6.0.7　雷雨天气，巡视人员应避开杆塔、导线和高大树木下方，应远离线路或暂停巡视，以保证巡视人员人身安全。

6.0.8　如遇洪水（河水）堵截，人员和车辆应绕行，经完好的桥梁过河。由于水库泄洪或河道上游下大暴雨，河道下游随时有发大水的可能，对此，巡视人员和司机要十分注意。

6.0.9　巡视人员必须带好随身工具和常用小材料以备临时处理缺陷。对被盗线夹的拉线，巡视人员必须经仔细观察后方可采取临时措施,防止拽拉线时误碰导线。

6.0.10 线路带电登塔巡查时,登塔前必须经单位生产技术负责人同意,填写第二种工作票,办理许可手续。攀登杆塔人员必须穿合格的防静电服或屏蔽服,且连接可靠,人身及携带的工具材料与带电体必须保持相应的安全距离。必须使用绝缘安全带、绝缘无极绳索。在杆塔上检查绝缘架空地线时,要把绝缘架空地线视为带电体,检查人员与绝缘架空地线之间的距离不应小于 0.4m(1000kV 为 0.6m)。带电登塔巡查应有专人监护。

6.0.11 夏季巡视,应避开高温时间,防止中暑。

6.0.12 冬季巡视,应穿、戴防寒物品,防止冻伤耳朵、手、脚。

7　缺陷、隐患

7.1　定　义

7.1.1　缺陷：是指线路部件到不到设计标准和有关规程、规定要求，乃至不能正常发挥作用，影响到设备安全可靠运行的现象。

7.1.2　隐患：是指线路环境中，由于非线路设备的外部因素，出现不符合设计标准和有关规程、规定要求，威胁到线路设备安全运行的现象。

7.2 缺 陷 内 容

下面列出输电线路的主要常见缺陷，如在巡视过程中发现这些缺陷，必须于巡视结束后立即填写缺陷记录，经班长审核后上报。

7.2.1 基础：

1) 基础出现破损、沉降、上拔、回填不够。

2) 基础保护范围内取土，杂物、余土或易燃易爆物堆积。

3) 基础保护范围内出现冲刷、坍塌、滑坡情况。

4) 基础边坡距离不足，护坡倒塌。

5) 基础防洪设施倒塌，基础立柱淹没。

　　6）金属基础锈蚀，防碰撞设施损坏。

　　7）拉线基础回填土低于地面，拉线棒锈蚀、弯曲。

　　8）保护帽破损、出现裂缝、散水度不足、渗水、浇制不全或未浇制。

7.2.2　接地装置：

　　1）接地体外露、锈蚀、损伤、埋深不足，接地沟回填土不足或被冲刷。

　　2）引下线断开、缺失、锈蚀、浇在保护帽内。

　　3）接地螺栓缺失、滑牙、锈蚀。

　　4）接地电阻测量值不合格。

7.2.3　杆塔：

　　1）杆塔塔身倾斜、锈蚀、法兰盘损坏、悬挂异物、螺栓锈蚀，钢管杆杆顶挠度偏大、弯曲、损伤、焊缝裂纹、进水、混凝土杆裂纹、钢箍保护层脱落、连接钢圈损坏、抱箍螺栓锈蚀、地线顶架锈蚀、抱箍螺栓松动。

2）杆塔横担倾斜、锈蚀、挂点处存在鸟巢、钢管杆横担扭转、护栏锈蚀、变形、断裂、脱落，混凝土塔吊杆松（或过紧）、水平拉杆松（或过紧）、斜拉杆松（或过紧）。

3）混凝土杆叉梁锈蚀、下移、抱箍锈蚀（变形、螺栓缺少）、水泥脱落。

4）杆塔塔材缺失、变形、裂纹、锈蚀，螺栓缺失。

5）杆塔脚钉松动、锈蚀、缺少、变形。

6）杆塔爬梯缺损、变形、锈蚀、断开、脱落、防坠落装置失灵。

7) 杆塔拉线锈蚀、损伤、松弛、防盗装置损坏或缺失，混凝土杆水平稳拉松（过紧、缺少、金具锈蚀）、内 X 拉线松（过紧、缺少、金具锈蚀），UT 形线夹装反、缺螺母、丝扣露头不够、扎头铁丝散开、尾线散开。

8) 杆塔护栏锈蚀、变形、断裂。

9) 杆塔电梯电气故障、机械故障。

10) 杆塔平台缺损、变形、锈蚀。

7.2.4 导、地线：

1) 导线损伤、断股、散股、松股、跳股，补修绑扎线松散，子导线鞭击、扭绞、粘连、断线，弧垂偏差，异物。

2) 引流线损伤、断股、松股、跳股，弧垂偏差，异物，子导线断线。

3）普通地线损伤、断股、锈蚀，补修绑扎线松散，异物，断线。

4）OPGW损伤、断股，补修绑扎线松散，异物，附件松动、变形、损伤、丢失，接线盒脱落，接地不良，引下线松散。

7.2.5　绝缘子：

1）瓷质绝缘子污秽、零值，防污闪涂料失效，釉表面灼伤、破损，串倾斜、钢脚变形、锈蚀，锁紧销缺损，均压环灼伤、锈蚀、位移、损坏、螺栓松、脱落，招弧角灼伤、间隙脱落，掉串。

2）玻璃绝缘子污秽、自爆，防污闪涂料失效，表面灼伤，串倾斜，钢脚变形、锈蚀，钢帽裂纹，锁紧销缺损，均压环灼伤、锈蚀、位移、损坏、螺栓松、脱落，掉串。

3）复合绝缘子灼伤，串倾斜，钢脚变形、锈蚀，护套破损，伞裙破碎、脱落，芯棒异常、断裂，锁紧销缺损，均压环灼伤、锈蚀、位移、损坏、螺栓松、反装、脱落，招弧角间隙脱落，金属连接处滑移，端部密封失效，掉串，憎水性丧失。

4）瓷长棒绝缘子釉表面灼伤，串倾斜，弯曲，锈蚀，破损，锁紧销缺损，均压环灼伤、锈蚀、位移、损坏、螺栓松、脱落，放电均压环位移、损坏、脱落、螺栓松，招弧角间隙不准、脱落，掉串。

5）地线悬式绝缘子污秽、破损，釉表面灼伤，串倾斜，钢脚变形、锈蚀，锁紧销缺损。

7.2.6 金具：

1）悬垂线夹船体锈蚀，挂轴磨损，挂板锈蚀，马鞍螺丝锈蚀，变形，磨伤，偏移，断裂；螺栓松动，脱落，缺螺帽，缺垫片，锁紧销缺损。

2）耐张线夹本体锈蚀、灼伤、滑移，引流板裂纹、发热，压接管裂纹、管口导线滑动、钢锚锈蚀，铝包带断股、松散、螺栓松动、脱落、锁紧销缺损。

3）连接金具 U 形螺丝以及 U 形挂环锈蚀、磨损、变形、灼伤、缺螺帽、锁紧销缺损，挂板、直角挂板、碗头挂板锈蚀、磨损、变形、灼伤、锁紧销缺损，球头挂环、延长环、直角环、YL 形拉杆锈蚀、磨损、变形、灼伤，调整板、联板锈蚀、磨损。

　　4）保护金具阻尼线位移、断股、灼伤，护线条位移、断股、破损、松散、灼伤，重锤锈蚀、缺损，防振锤滑移、脱落、锈蚀、倾斜，屏蔽环锈蚀、损坏、脱落、灼伤，子导线间隔棒、相间间隔棒、回转式防舞间隔棒缺失、位移，防舞鞭位移。

　　5）接续金具接续管导地线出口处鼓包、断股、抽头或位移，弯曲，裂纹，发热；并沟线夹缺损、位移、发热，螺栓松动；预绞丝散股、断股、滑移。

7.2.7　附属设施：

　　1）标志牌：

　　a）塔号牌（含相序）图文不清、破损、缺少、挂错、内容差错；

b）色标牌（或漆）退色、破损、缺少、挂错；

c）警告牌图文不清、破损、缺少、挂错、内容差错。

2）航空标志破损、缺少。

3）在线监测装置功能缺失、采集箱松动、元件缺失、太阳能板松动和脱落。

4）防雷设施。

a）避雷器松动、脱落、击伤、脱离器断开、缺件、缺螺栓、计数器进水、计数器图文不清、计数器连线松动、计数器连线脱落、馈线距离不足、间隙破损、支架松动、支架脱开、炸开。

b）避雷针松动、脱落、位移、缺件。

c）耦合地线断股、伤股、锈蚀、补修绑扎线松散、异物。

　　5）防鸟设施松动、损坏、缺失。

　　6）ADSS 支架螺丝缺失、松动，支架脱落、缺失，灼伤，磨损，接线盒脱落、密封不良，掉线，补修绑扎线松散。

7.2.8　通道环境：

　　1）线路与地面、山坡、弱电线路交叉距离、防火防爆间距离距离不足。

　　2）线路与山坡距离不足。

　　3）线路与弱点线路交叉距离不足。

　　4）导线与防火防爆间隙不足。

　　5）线路与交通设施、线路、管道间距离不足。

6）线路与建筑物距离不足。

7）线路与树木间距离不足。

7.2.9 电缆：

1）电缆本体：

a）本体变形，外护套破损、龟裂。

b）主绝缘绝缘电阻不合格，橡塑电缆主绝缘耐压不合格，护套及内衬层绝缘电阻测试不合格，橡塑电缆护套耐受能力不合格。

c）充油电缆渗油，充油电缆外护套和接头套耐受能力不合格，自容充油电缆油耐压试验不合格，自容冲油电缆油介质损耗因数实验不合格。

d）外护层接地电流测试不满足要求。

2）电缆终端：

a）设备线夹发热、弯曲。

b）导体连接棒锈蚀、开裂、发热。

c）终端套管外绝缘破损、放电，套管不密封，终端瓷套脏污，表面灼伤，外绝缘爬距不满足要求，电缆套管本体红外测温不合格，瓷质终端瓷套损伤，终端外观破损，附近异物。

d）支撑绝缘子破损、开裂、污秽。

e）防雨罩外观老化、破损。

f）终端固定部件外观异常。

g）法兰盘尾管渗漏油。

3）附属设施：

a) 电缆支架外观锈蚀、破损，接地不良，缺件。

b) 终端底座倾斜、锈蚀、松动、未隔磁；抱箍存在螺栓脱落、缺失、锈蚀，未采取隔磁措施。

c) 接地箱基础损坏、箱体损坏、保护罩损坏，箱体缺失，护层保护器损坏，交叉互联换位错误，母排与接地箱外壳不绝缘，接地箱接地不良，交叉互联系统直流耐压试验不合格，过电压保护器及其引线对地绝缘不合格，交叉互联系统刀闸（或连接片）接触电阻不合格。

d) 接地类设备主接地不良，焊接部位未做防腐处理，与接地箱接地母排连接松动，与接地网连接松动断开，接地扁铁缺失，护套接地连通存在连接不良。

e) 同轴电缆与电缆金属护套连接错误，同轴电缆受损，同轴电缆缺失。

　　f）接地单芯引缆受损、缺失。

　　g）回流线受损、缺失、连接松动断开。

　　h）充油电缆供油装置渗油、压力箱供油量少、压力表计损坏、油压示警系统控制电缆对地绝缘电阻不合格。

　　i）防火措施脱落、缺少、未按设计要求进行防火封堵措施。

　　j）标识牌不清或错误。

　　k）光纤测温光缆缺损，测温系统故障。

　　l）在线局放监测系统故障。

　　m）接地电流在线监测系统故障。

　　n）隧道设备监视与控制系统故障。

o) 隧道火灾报警系统故障。

p) 身份识别系统与防盗监视系统故障。

q) 廊道沉降变形监控系统故障。

r) 隧道视频监控系统故障。

4) 中间接头：

a) 主体浸水、铜外壳外观变形，环氧外壳密封不良。

b) 接头底座（支架）锈蚀，支架严重偏移。

c) 接头耐压试验不合格。

d) 无防火阻燃措施。

e) 无铠装或无其他防外力破坏的措施。

5) 避雷器：

a) 本体外观破碎、连接线断股、引线被盗或断线，动作指示器破损、误指示等，均压环严重锈蚀、脱落、位移、缺失，电气性能不满足。

　b）底座支架锈蚀，绝缘电阻不合格。

　c）引流线过紧，连接部位发热。

　6）电缆通道：

　a）接头工井积水，基础下沉，墙体坍塌，盖板存在不平整、破损、缺失情况，接头工井接地网接地电阻异常。

　b）非接头工井基础下沉，墙壁坍塌（破损），盖板存在不平整、破损、缺失情况，非接头工井接地网接地电阻异常。

　c）电缆沟基础下沉，墙体坍塌（破损），盖板存在不平整、破损、缺失情况，电缆沟接地网接地电阻异常。

d）电缆排管包方破损、变形，空余管孔未封堵。

e）电缆隧道有墙体裂缝，隧道内附属设施故障或缺失，电缆隧道竖井盖板缺少、损坏，隧道爬梯锈蚀、损坏，隧道接地网接地电阻异常。

f）电缆桥基础下沉、覆土流失，电缆桥架损坏，遮阳棚损坏，主材锈蚀、接地电阻不合格，电缆桥架倾斜。

g）敷设电缆与其他管线距离不满足规程要求。

h）电缆线路保护区内构筑物不满足规程要求，线路保护区内土壤流失，保护区内施工作业，保护区内存在危险物。

i）电缆标志桩丢失或标示字迹不明。

7.3 隐患内容

7.3.1 66kV 及以上线路 10m 范围内有取土、打桩、钻探、开挖或倾倒酸、碱、盐及其他有害化学物的活动等作业。

7.3.2 在杆塔周围 50m 内堆放煤、水泥、无机盐等电导率较高或容易在绝缘子表面形成难以清除污垢的物品。

7.3.3 在线路保护区内兴建或拆除建筑物、构筑物，堆放有可能引起导线对地距离不足的物品，堆放易燃易爆物品，不能满足与导线安全距离的高大机械进入或穿越保护区。

7.3.4 在线路附近（约 500m 范围内）施工爆破、开山取石及放风筝等。

7.3.5 在线路保护区内种植或存在自然生长高度与导线的

距离不满足规定的树木或作物。

7.3.6 在杆塔上筑有危及线路安全的鸟巢及有蔓藤类植物附生。

7.3.7 在杆塔周围或导线下方堆放秸秆等易燃物。

7.3.8 利用拉线、杆塔构件作起、牵引地锚，悬挂物件。

7.3.9 巡视、维修道路或桥梁损坏、被封堵。

7.3.10 杆塔位于采空区，在杆塔周围 300m 内（或影响到线路的安全运行）山体有裂缝、断层、塌陷等。

7.4 缺陷分类

7.4.1 按照缺陷对电网运行的影响程度分为三类：

    1）一般缺陷：是指性质一般，情况较轻，对安全运行影响不大的缺陷。

　　2）严重缺陷：是指对人身或设备有重要威胁，暂时尚能坚持运行但需尽快处理的缺陷。

　　3）危急缺陷：是指设备或建筑物发生会直接威胁安全运行并需立即处理的缺陷，否则，随时可能造成设备损坏、人身伤亡、大面积停电、火灾等事故。

7.4.2　对于同一类缺陷，由于其所处部位不同，其严重程度也不同，对于巡视人员不能当场判定严重程度的缺陷，应在巡视时立即向班长汇报，并由班长进行判定，如确属重大或危急缺陷，班长应迅速上报。

7.4.3　由于缺陷类别较多，仅在表5中对部分缺陷定性举例说明。

表 5 缺陷严重程度举例表

序号	缺陷部位	缺陷举例	缺陷分类
1	基础	基础轻微沉降	一般
		基础不均匀沉降，造成杆塔轻微倾斜、变形、位移	严重
		基础不均匀沉降，造成杆塔严重倾斜、变形、位移	危急
2	接地装置	接地体有明显裂纹	一般
		接地体断开	严重

序号	缺陷部位	缺陷举例	缺陷分类
3	杆塔	缺少少量辅材，防盗外力破坏措施失效或设施缺失	一般
		缺少较多辅材或个别节点板	严重
		缺少大量辅材或较多节点板	危急
4	导、地线	导线损伤截面不超过铝股或合金股总面积7%	一般
		导线损伤截面占铝股或合金股总面积7%～25%	严重
		导线钢芯断股、损伤截面超过铝股或合金股总面积25%	危急

续表

序号	缺陷部位	缺陷举例	缺陷分类
5	绝缘子	钢脚轻微变形	一般
		钢脚明显变形	严重
		钢脚严重变形	危急
6	金具	挂板表面有明显的生锈	一般
		挂板锈蚀、开始出现麻面，个别出现锈蚀鼓包	严重
		挂板锈蚀，出现较多的锈蚀鼓包，个别出现锈蚀起皮	危急
7	附属设施	塔号牌（含相序）丢失或未设	一般
		塔号牌（含相序）挂错，与设备名称不一致	严重

7 缺 陷、隐 患

序号	缺陷部位	缺陷举例	缺陷分类
8	通道环境	与建筑物交跨垂直距离为90%～100%规定值	一般
		与建筑物交跨垂直距离为80%～90%规定值	严重
		与建筑物交跨垂直距离小于80%规定值	危急
9	电缆	外护套局部破损未见金属护套、短于5cm的破损	一般
		外护套局部或大面积破损可见金属外护套、长于5cm的破损	严重

8 运 行 标 准

8.1 说　　明

　　设备运行状况超过下述各条标准或出现下述不应出现的情况时，应进行处理。

　　本章节应包括 10 个部分：杆塔与基础、导线与地线、绝缘子、金具、接地装置、导地线弧垂、光缆、电缆、附属设施、其他规定等。其中，大部分内容前面已详细叙及，因此，在本章中，这些已叙述的内容不再列入。

8.2 运 行 标 准

8.2.1 导线边线向外侧水平延伸一定距离，并垂直于地面所形成的两平面内的区域称为输电线路保护区。各级电压等级电力线路保护区范围见表6。

表6　　　　各级电压等级电力线路保护区范围

电压等级（kV）	66~110	220~330	500	750	±800	1000
保护区范围（m）	10	15	20	25	30	30

8.2.2 在电力线路保护区内不应建设各种建筑物或构筑物，在厂矿、城镇、村庄等人口密集地区，对于已有的建筑物与导线的距离应满足表7的要求。

表 7　架空电力线路对建筑物或构筑物之间的最小距离

电压等级（kV）	66～110	220	330	500	750	±800	1000
在最大计算弧垂情况下，导线与建筑物之间的最小垂直距离（m）	5.0	6.0	7.0	9.0	11.5	17.5	15.5
在最大计算风偏情况下，线路边导线与建筑物之间的最小水平距离（m）	4.0	5.0	6.0	8.5	11.0	7.0	7.0

8.2.3　送电线路与甲类火灾危险性的生产厂房、甲类物品库房、易燃、易爆材料堆场以及可燃或易燃、易爆液（气）体储罐的防火间距，不应小于杆塔高度加 3m，还应满足其

他的相关规定。

8.2.4 对于架空电力线路保护区内已有的树木，应按照相关规定砍伐或修剪，暂时无法砍伐或修剪的，以及对不影响线路安全运行，不妨碍对线路进行巡视、维修的树木或果林、经济作物林或高跨设计的林区树木，在最大计算弧垂或最大计算风偏情况下，其与导线的安全距离不小于表8和表9所列数值。

表8　　导线在最大弧垂、最大风偏时与树木之间的安全距离

线路电压（kV）	66～110	220	330	500	750	±800	1000
最大弧垂时垂直距离（m）	4.0	4.5	5.5	7.0	8.5	13.5	14
最大风偏时净空距离（m）	3.5	4.0	5.0	7.0	8.5	13.5	14

表 9 **导线与果树、经济作物、城市绿化灌木及街道树木**
之间的最小垂直距离

线路电压 (kV)	66~110	220	330	500	750	±800	1000
垂直距离 (m)	3.0	3.5	4.5	7.0	8.5	15	16

8.2.5 在未考虑做交通道路的地点，直接在架空电力线路下面通过的运输车辆或农业机械（包括机上人员）与导线间的距离，不应小于：110kV 为 2m；220kV 为 2.5m。

8.2.6 导线与地面的距离，在最大计算弧垂情况下，不小于表 10 规定的数值。

表 10   导线与地面的最小距离

地区类别	线路电压（kV）						
	66～110	220	330	500	750	±800	1000
居民区（m）	7.0	7.5	8.5	14	19.5	22	27(25)
非居民区（m）	6.0	6.5	7.5	11(10.5)	15.5(13.7)	19	22(21)
交通困难地区（m）	5.0	5.5	6.5	8.5	11	17	19(18)

注 1：500kV 线路对非居民区 11m 用于导线水平排列，10.5m 用于导线三角排列的单回路；

注 2：750kV 线路对非居民区 15.5m 用于导线水平排列单回路的农业耕作区，13.7m 用于导线水平排列单回路的非农业耕作区；

注 3：1000kV 线路单回路导线与不同区域地面距离分别为 27、22、19m，同塔双回路导线与不同区域地面距离分别为 25、21、18m；

注 4：交通困难地区是指车辆、农业机械不能到达的地区。

8.2.7 导线与山坡、峭壁、岩石之间的净空距离，在最大计算风偏情况下，不应小于表 11 所列数值。

表 11　　　　　导线与山坡、峭壁、岩石最小净空距离

线路经过地区	线路电压（kV）						
	66～110	220	330	500	750	±800	1000
步行可以到达的山坡（m）	5.0	5.5	6.5	8.5	11.0	13	13
步行不能到达的山坡、峭壁和岩石（m）	3.0	4.0	5.0	6.5	8.5	11	11

8.2.8　线路与弱电线路交叉时，对一、二级弱电线路的交叉角应分别大于 45°、30°，对三级弱电线路不限制。

8.2.9　架空输电线路与交通设施、线路、管道间距线路与铁路、公路、电车道以及道路、河流、弱电线路、管道、索

道及各种电力线路交叉或接近的基本要求，应符合表12和表13的要求。

表 12　　　输电线路与铁路、公路、电车道交叉或接近的基本要求

项目	铁路				公路	电车道（有轨及无轨）	
导线或避雷线在跨越档	不得接头				高速公路，一级公路不得接头	不得接头	
	至轨顶			至承力索或接触线	至路面	至路面	至承力索或接触线
线路电压（kV）	标准轨	窄轨	电气轨				
最小垂直距离（m）66～110	7.5	7.5	11.5	3.0	7.0	10.0	3.0
154～220	8.5	7.5	12.5	4.0	8.0	11.0	4.0
330	9.5	8.5	13.5	5.0	9.0	12.0	5.0
500	14.0	13.0	16.0	6.0	14.0	16.0	6.5
750	19.5	18.5	21.5	7.0 (10.0)	19.5	21.5	7.0 (10.0)
±800	21.5	21.5	21.5	13 (15)	21.5	21.5	15
1000	27	26	27	10 (16)	27	—	—

续表

项目		铁路		公路		电车道（有轨及无轨）	
	线路电压(kV)	杆塔外缘至轨道中心	杆塔外缘到路基边缘	杆塔外缘到路基边缘		杆塔外缘到路基边缘	
				开阔区	路径限制地区	开阔区	路径限制地区
最小水平距离(m)	66~220	交叉:30平行:最高杆塔加高3	交叉:8 10m(750kV) 平行:最高杆塔加高3m	5.0		交叉:8m 10m(750kV) 平行:最高杆塔加高3	5.0
	330			6.0			6.0
	500			8.0 (15.0)			8.0
	750			10.0 (20.0)			10.0
	±800	交叉:40;平行:最高塔塔高加3,在受限地区边线风偏至接触线45,至非电气化铁路线建筑物15	—	交叉:15或按协议取值,平行:最高塔高	12或按协议取值	交叉:15;平行:最高塔高	杆塔外缘30或边导线20,最大风偏15
	1000	交叉:40;平行:最高塔塔高加3	—	交叉:15或按协议取值,平行:最高塔高	15或按协议取值		

续表

项目		铁路		公路	电车道（有轨及无轨）
邻档断线时的最小垂直距离（m）	线路电压（kV）	至轨顶	至承力索或接触线	至路面	至承力索或接触线
	110	7.0	2.0	6.0	2.0
备注		注1：垂直距离中，括号内的数值用于跨杆（塔）顶 注2：走廊内受静电感应可能带电的金属物应予以接地 注3：不宜在铁路出站信号机以内跨越		1. 三、四级公路可不检验邻档断线 2. 括号内为高速公路数值，高速公路路基边缘是指公路下缘的排水沟	

表 13　输电线路与河流、弱电线路、电力线路、管道、索道交叉或接近的基本要求

项目	通航河流		不通航河流		弱电线路	电力线路	管道	索道
导线或避雷线在跨越档内接头	不得接头		不限制		不限制	110kV以上线路不得接头	不得接头	不得接头
线路电压(kV)	至5年一遇洪水位	至遇到航水位最高船桅顶	至5年一遇洪水位	冬季至冰面	至被跨越线	至被跨越线	至管道任何部分	至索道任何部分
66～110	6.0	2.0	3.0	6.0	3.0	3.0	4.0	3.0
154～220	7.0	3.0	4.0	6.5	4.0	4.0	5.0	4.0
330	8.0	4.0	5.0	7.5	5.0	5.0	6.0	5.0
500	9.5	6.0	6.5	11.0(水平)10.5(三角)	8.5	6.0(8.5)	7.5	6.5
750	11.5	8.0	8.0	15.5	12.0	7.0(12.0)	9.5	11.0(底部)8.5(顶部)
±800	15	10.5	12.5	18.5	17	10.5(15)	17	12.5
1000	14	10	10	22	18	10(16)	18	—

最小垂直距离(m)

续表

项目		通航河流	不通航河流	弱电线路		电力线路		管道	索道
				与边导线间		与边导线间		与导线至管道、索道任何部分	
最小水平距离(m)	线路电压(kV)	边导线至斜坡上边缘		开阔区	路径受限制地区(在最大风偏时)	开阔区	路径受限制地区(在最大风偏时)	开阔区	路径受限制地区(在最大风偏时)
	66~110	最高杆塔高度		最高杆塔高度	4.0	最高杆塔高度	5.0	最高杆塔高度	4.0
	154~220				5.0		7.0		5.0
	330				6.0		9.0		6.0
	500				8.0		13.0		7.5

项目		通航河流	不通航河流	弱电线路	电力线路		管道	索道
最小水平距离(m)	750			10.0	16.0			9.5(管道)8.5(顶部)11(底部)
	±800			交叉:杆塔外缘至电力线15;平行最高塔高	13或按协议取值	交叉:杆塔外缘至电力线15;平行最高塔高	边导线间20,导线风偏至邻塔13	交叉:最高塔高;平行:天然气2倍塔高;石油50且不低于杆高,其他风偏时15	风偏时15
	1000			最高塔高	13	最高塔高	20	最高塔高	13

注 ±800kV 直流线路与特殊管道交叉或平行时,接地体至埋地管道 25m;线路中心线至天然气主管道排气阀 300m。

9 典型巡视方法

在巡视工作上，各地巡视人员都总结了不少行之有效的巡线方法，现仅推荐几种。

9.1 张士利 29 点巡线法

9.1.1 概述：架空电力线路的巡视，是搞好线路运行的主要工作之一。在多年的线路运行、验收工作中，总结了一套线路的巡视方法——张士利 29 点巡线法。运用这种方法，可查出许多不易发现的缺陷。

9.1.2 易造成遗漏的巡线路径：架空电力线路是复杂的空间立体结构，由于来自外力和内力影响，异常时有发生。如果巡线路径缺乏科学性，即使巡视人员的责任心很强，也不能保证巡线质量。

1) 巡视杆塔易造成的遗漏。当只是沿着线路大号方向右侧巡视杆塔，杆塔左侧应看到的部位就会遗漏。当只是从杆塔内穿过，杆塔沿线路方向两侧的部位就会遗漏。

2) 在档距中的巡视易造成的遗漏。当只是沿着线路大号方向右侧巡视杆塔，杆塔左侧以及中间看到的部位就会遗漏。当只是沿着线路大号方向的中间巡视线路，线路左侧和右侧应看到的部位就会遗漏。

9.1.3 张士利 29 点巡线法的原理：

1）点、线、面原理。假设人的眼睛是一盏强烈的灯，那么，凡是光所照射的物体的面均应为视觉可见部分。我们把人站立的位置——点，眼睛的光芒——线，由眼睛及借助望远镜所观察到的范围——面组成体系，来巡视检查线路运行情况。

2）全方位、多角度原理。将被观察物——线路，接受来自全方位（东、西、南、北）和多角度（仰、俯角）的全面观察。

3）全光、有阴影光、全阴影光原理。在巡线时，巧妙利用阳光对物体照射面的全光——顺太阳光观察、有阴影光——侧太阳光观察、全阴影光——逆太阳光观察，用这一原理，来检查导、地线断股，销子未掰开，杆塔、导线、绝缘子、金具放电痕迹等。

4）被观察物的特定方向范围原理：

a）绝缘子：①检查绝缘子销子是否存在，沿销子轴心方向45°范围以内，才能看到销子的端部，同时还要避开其他绝缘子、金具等遮挡。②用看穿空洞的方法观察绝缘子的闭锁销丢失。经分析，可以看穿空洞的位置和特定方向范围；W销：沿空洞轴心方向20m处，16m×8m的范围可以看到，沿空洞轴心方向100m处、80m×40m的范围可以看到。R销：沿空洞轴心方向20m处，8m×8m的范围可以看到，沿空洞轴心方向100m处、40m×40m的范围可以看到。③观察绝缘子闪络的特定方向。巡视悬垂串绝缘子底部第一片闪络情况，观察绝缘子槽内有无闪络变色或黑斑，需要避开导线及金具的遮挡，选择多方向才能全面看到。其他悬式绝缘子的观察，要避开下方绝缘子的遮挡，在绝缘子悬挂高度 20m 时，要离开绝缘子垂线 10m 以外的多点才能观察全面。

b）杆塔：检查杆塔的倾斜，都是在杆塔的横担垂直方向和横担方向进行的。

c）导、地线：检查导、地线的断股或损伤，必须从两个不同方向才能全面观察导、地线的外圆。

5）固定巡视位置原理：杆塔根部为固定巡视位置，还要绕一圈，是为了检查电杆裂纹、弯曲，杆塔标志、标示牌，铁塔螺丝、斜材，接地连接，回填土下沉、空洞。拉线棒出土位置为固定巡视位置，还要绕一圈，是为了检查拉线松紧、断股，拉线金具螺帽，拉线回填土下沉、空洞。

9.1.4 巡视杆塔：把巡视站立点的路径以数字顺序排列。

　　1）门型杆塔。见图 3，各点均应观察的普通问题：线

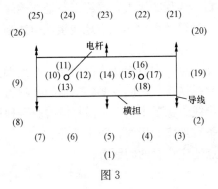

图 3

路的防护，杆塔、拉线基础的防护。从各角度检查绝缘子脏污、闪络、破坏，硅橡胶绝缘子伞裙撕裂，均压环、碗头、重锤、导线、跳线的放电痕迹，横担、杆塔的放电痕迹，检查销子、螺帽、垫片的丢失，绝缘架空地线绝缘子破坏、放电间隙异常，光缆及良导体架空地线接地引线断开，分裂导线间隔棒损坏，导线接头发白。

在各个站立点，用目光从自己面向的右侧架空地线开始逐项检查至导线横担，转向左侧将空地线逐项检查至导线横担，自三条导线绝缘子串金具，沿杆塔检查到地面。把各观察点连在一条有规律的折线，防止遗漏。

各观察点还应注意的问题有：

a）（1）、（5）、（23）、（27），横担不平，杆塔横线路位

移，叉梁歪斜，绝缘子串偏斜。

b) (2)、(8)、(20)、(26)，导线、架空地线、横担、抱箍、金具的异常。

c) (3)、(7)、(21)、(25)，绝缘子串倾斜、跳线歪斜，导、地线防振锤异常，耐张和悬垂绝缘子的销子情况。

d) (4)、(6)、(22)、(24)，拉线基础，拉线及金具，电杆倾斜，爬梯、脚钉异常。

e) (5)、(23)，中线绝缘子，弓子线，金具异常，叉梁歪斜。

f) (9)、(19)，杆塔倾斜，地线悬垂线夹倾斜，导线绝缘子串倾斜，防振锤位移。

g) (10)、(11)、(12)、(13)、(15)、(16)、(17)、

（18），电杆裂纹、弯曲、铁塔斜材、螺帽丢失，接地连接断开，基础土方下沉、空洞，易燃物堆积。

h）（14），塔材、螺帽丢失、叉梁鼓肚，基础土方下沉、空洞，易燃物堆积。

2）自立式矩（正方）形断面铁塔：去掉（15）、（16）、（17）、（18），双回、多回线要分开点检查。

3）LV 塔、钢管塔：去掉（14）、（15）、（16）、（17）、（18），注意对 LV 塔拉线的检查，双回、多回线要分开点检查。

9.1.5 在线路中的巡视：如图 4 的（27）、（28）、（29）点，采用斜线前进"站一站"、50～100m 远"看一看"的做法，来检查导、地线的一场，相分裂导线弧垂不一致或互相吸引扭绞，导线间隔棒的橡胶垫及销子情况，注意防护区的变化，采矿、建筑、新线路的架设，污源的情况，线路下方的易燃物的堆积情况，山体滑坡，采矿，地面裂缝，线路防洪。当遇到树木，应落实是否在防护区以内，考虑自然生长对导线的垂直和

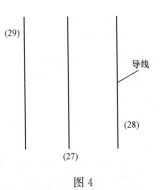

图 4

水平距离。遇到交叉其他线路和公路、铁路，应站在交叉补角的平分线上看是否满足要求。注意导线风偏对山坡、建筑物、树木的净空距离。检查导线悬挂点是否上拔。

9.1.6　其他说明：

1）110（66）kV 及以上架空电力线路，各种电压等级线路杆塔高度、杆塔跟开、导线对地高度、线间距离差别很大，各巡线点对杆塔以及各巡线点之间的距离可根据实际情况自行选定。

2）如果巡视的两个人都水平较高，可将（29）点进行分解。

3）在夏、秋季节，对高杆农作物地带档距内的树木及其他情况，最好攀登杆塔 2m 高处，向前后档仔细观察。

4）对于噪声大的地方应特别留心。

5）本巡线方法不适宜夜间巡视和大风等特殊巡视。

9.2　王捷 29 点巡线法要诀

沿线巡视要仔细，发现情况现场记，
树木障碍建筑物，桥梁便道均注意。
每走五十米处站，抬头扫视导地线，
交叉限距和弛度，断股接头听放电。
行至距杆五十米，要看倾斜和位移，
横担不正叉梁歪，滑坡污秽和外力。
十几米处转一圈，基础防洪和拉线，
跳线金具绝缘子，杆上部件看个遍。
巡至杆根上下看，叉梁鼓肚土壤陷，
裂纹挠曲须留神，不能忽视接地线。

铁塔巡视更简单，各处连接靠螺栓，
基础地脚和塔材，节板包铁最关键。
夏季树木最危险，登杆两米前后看，
交叉距离要吃准，观察站在角分线。
特殊区域抓重点，定点巡视攻难关，
吃苦耐劳好同志，发现隐患保安全。

9.3 定位巡线法

9.3.1 合适的观察位置：杆塔类型不同，杆塔上零部件很多，所在位置和方向不一致，为了看全、看清楚每一个设备零件，一定要选择观察位置，对每一个设备零部件来说，要求能够看得清楚，对于每一基杆塔来说以最少的观察位置能巡视观察在塔上可以观察的全部设备零件。

9.3.2 合理的行走路线：巡视人员在巡视过程中，如果不按一定次序巡视，难免会发生重复往返，极易顾此失彼，为防止这类现象发生，就应把各个观察内容的位置进行确定和划分，并按先后顺序进行编排，这样就形成了合理观察顺序和行走路线，防止漏巡和重复观察。

9.3.3 巡视的重点项目：线路上巡视内容繁杂，在巡视中一定要分清哪些是重点巡视项目，哪些是一般巡视项目。通常重点项目应有以下几方面要素：

    1）在运行中有较大可能受到外力破坏的部件。

    2）根据运行情况曾发生过的事故和障碍位置。

    3）季节性巡视所到的重点部件和区域。

4) 在特殊天气、自然灾害、线路超负荷或故障巡视所要求重点观察的内容。

5) 设备大修或一般检修后，经更换、检修或拆除的金具部件。

6) 巡视人员应注意重点项目与一般项目并非绝对，而是处在动态变化之中。

9.3.4 定位巡线法实例：

1) 在巡视过程中要确定合适的观察位置，合理的行走路线、巡视重点和一般巡视项目。

2) 铁塔巡视时，按图 5 所示路径通过，图中 S 为塔高的 2/3，α 为 45°。

在 1 号位检查，检查方法见图 6，从线路铁塔左上架空

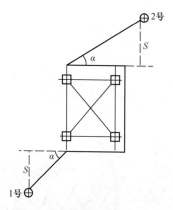

图 5 定位巡线法图示（一）

田—塔基；⊕—观察点；——路径

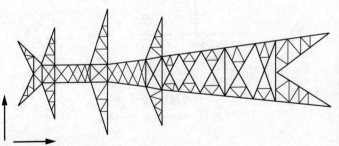

图 6　定位巡线法图示（二）

地线线夹开始，以适当的位移 h 向右检查，然后再下移 h 从左向右检查直到塔底，即采用从左到右，从上到下的程序检查。2号位检查与1号位相同，到塔结构中心检查塔身螺栓、辅材是否短缺。

3）带四方拉线的混凝土杆巡视时应按图7所示路径通过，1、3号位检查电杆在顺线路和横线路方向的偏移，2、4号位的检查方法同2）。

4）同杆双回路铁塔巡视按图8所示路径进行，在1、3号位检查Ⅰ回线路，2、4号位检查Ⅱ回线路，塔的巡视方法同2）条。

5）档距中间选点位置。220kV线路档距中选两个点，为档距1/3长度处和2/3长度处；110kV线路档距中选一个

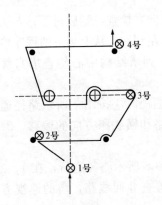

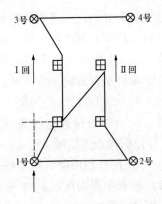

图 7　定位巡线法图示（三）　　　　图 8　定位巡线法图示（四）

⊕—电杆；•—拉线；⊗—观察点；——路径

——路径　　　　　　　　　　　　田—塔基；⊕—观察点；——路径

点，为档距 1/2 长度处。

6) 110kV 混凝土电杆重点巡视项目包括：

a) 避雷地线：悬挂点、连接金具是否缺件、松动。

b) 导线横担：横担 U 形挂环、绝缘子、线夹、碗头多处连接情况。

c) 杆身：杆身表面孔洞、裂缝、错节情况。

d) 基础：根部混凝土有无剥落、孔洞、酥落情况，接地线是否齐全、有无短缺。

e) 拉线：有无丢失线夹螺母、联板螺栓、螺母情况。

7) 110kV 混凝土电杆一般巡视项目包括：

a) 避雷线：线夹、防振锤有无倾斜、偏移。

b) 横担与导线：绝缘子有无破损、横担有无倾斜、瓶串有无偏移。

  c) 杆身：杆身与横担及穿钉有无松动，焊口有无锈蚀。

  d) 基础及其他：基础有无沉陷，接地螺栓有无松动。

  e) 拉线有无偏松、偏紧，有无锈蚀。

9.4　何立森巡线法

9.4.1　查弹簧销子要领：杆塔等高要停步，先望（用望远镜）钢帽大口处，反复观察看不清，百米以外看亮度。钢帽窝间有黑点，表明销子在里面。钢帽窝里长方形，小子一定掉出孔。

9.4.2　不同天气巡线要点：

  晴天注意看空中（指看导地线与横担）；

雨后注意杆裂缝（杆湿裂缝明显）；

风天注意导线摆（看弓子线和大档距导线）；

雾天捕捉放电声（线断股，瓶有零值就明显放电）。

9.4.3　四季防护歌：

春季多风线舞动，巧用舞动查险情，

沿线群众忙植树，防护区内莫栽种。

夏季到来多雷雨，注意杆基和接地，

温高导线弛度变，各类交叉勤查看。

秋有霜露气候潮，瓷瓶干净才可靠，

鸟在杆塔筑巢穴，立即将它拆除掉。

冬季降雪线覆冰，重点检查莫要停，

农家温室种蔬菜，劝其绑牢塑料棚。

9.4.4 巡线口诀：

  三面走，四面看，走在当中站几站，

  顺光走，顺光看，白天巡视，夜间验。

9.5 其 他 巡 线 法

9.5.1 四勤一细巡线法："眼勤"，巡线时要勤观察导地线、防护区的一切情况。"嘴勤"，巡线途中遇到群众，有机会就要宣传护线常识。"手勤"，勤笔记，发现异常及时记，使发现缺陷达到 100％准确。"腿勤"，勤变换观察位置，不管丛林、庄稼地与杆塔的大面、小面，都要走到、看到。"一细"，细心听放电声，观其位置，触摇拉线松紧是否合适。

9.5.2 顺光观察法：杆塔零部件大多处于导线上部，由于部件小、位置远，发现缺陷难度较大，因而巡视人员要处理好光源和被检查物之间关系，光源位置对于准确发现缺陷有着举足轻重作用。

依据一天中从东方日出到西方日落的自然规律，把太阳分为顺光、前侧光、侧光、后侧光和逆光五个光位。顺光的光线是从正前方射向被检查物，光线与巡视人员成 $0°\sim15°$ 的角度，此时被检查物面对巡视人员部分都受光，没有影子，能见度高，这时观察杆塔部件特别是导地线接头、断股、金具裂纹、销钉锈蚀等缺陷非常实用。

考虑光源纵向高度变化，应用时要灵活捕捉光比反差小位置，为追求理想顺光效果，一般应在塔高 1.2～1.5 倍等多点位置观察，参照季节变化，调整巡视观察时间，一般应在早晨或黄昏时段顺光观察。

9.5.3 绘制线路条图法：首先依据图纸资料、线路走向写出杆号、杆型、档距等主要情况，再根据现场实际勘察，使用文字、图例符号，将沿线地物、地貌、道路情况核实标出，绘制成图，使线路主要参数和沿线情况在图上展现，对指导运行、查找故障有明显作用，图9为某供电局典型条图。

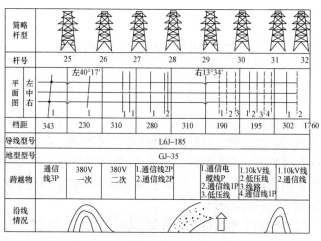

简略杆型								
杆号	25	26	27	28	29	30	31	32
平面图 左中右	左40°17′				右13°34′			
档距	343	230	310	280	310	190	195	302	1760
导线型号	L6J–185								
地型型号	GJ–35								
跨越物	通信线3P	380V一次	380V二次	1.通信线2P 2.通信线2P	1.通信电缆线P 2.通信线1P 3.低压线	1.10kV线 2.低压线 3.线路 4.通信线1P	1.10kV线 2.通信线	
沿线情况								

图 9 某供电局典型线路条图

附录　线路常用仪器仪表

1. 经纬仪

在线路施工测量时，国产"J2"和"J6"型光学经纬仪较为常用，这两种一起的原理和外形基本相同，只是在操作和度盘读数方面有些差异。J2 和 J6 型仪器型号中的 2 和 6，分别代表仪器的精确度，即表示能读到的秒数，也就是人们常说的 2S 仪器和 6S 仪器。

经纬仪的主要构成部件有望远镜、垂直度盘、水平度盘和基座等四大部分。利用经纬仪进行测量工作时，其操作方法大体可分为整平、对中和瞄准三个步骤。

2. 绝缘电阻表

绝缘电阻表又称为绝缘摇表（兆欧表），是用来测量电气设备及电力线路的绝缘电阻的直读式仪表，它的标度尺单位是"兆欧"，用符号"MΩ"表示。常用的绝缘电阻表的电压等级有 500、1000、2500V 和 5000V 四种，送电线路常用的基本上是 2500V 和 5000V 两种。绝缘电阻表的种类、型式很多，但其结构和原理基本相同，主要是由测量机构（一般采用磁电流比计）、电源（多用手摇发电机或晶体管电路）和接线柱三部分组成。

3. 接地电阻测量仪

接地电阻测量仪也称接地摇表，主要用于直接测量各种接地装置的接地电阻值，具有四个接线端钮的接地电阻测量仪还可以测量土壤电阻率。接地电阻测量仪型式较多，常用的有 ZC-8 型接地电阻测量仪。ZC-8 型接地电阻测量仪是由手摇发电机、相敏整流放大器、电位器、电流互感器及检流计等构成，全部密封在铝合金铸造的外壳内。该测量仪有两种量程，一种是 0-1-10-100Ω；另一种是 0-10-100-1000Ω。有三个接线端钮和四个接线端钮两种表型，它们都附带有两极探测针，一根是电位探测针，另一根为电流探测针。

4. 红外测温仪

红外测温仪由光学系统、光电探测器、信号放大器及信号处理、显示输出等部分组成。光学系统汇聚其视场内的目标红外辐射能量，视场的大小由测温仪的光学零件及其位置确定。红外能量聚焦在光电探测器上并转变为相应的电信号。该信号经过放大器和信号处理电路，并按照仪器内部的算法和目标发射率校正后转变为被测目标的温度值。

一切温度高于绝对零度的物体都不停地向周围空间发出红外辐射能量。物体的红外辐射能量的大小及其按波长的分布——与它的表面温度有着十分密切的关系。因此，通过对物体本身辐射的红外能量的测量，便能准确地测定它的表面温度。

5. 激光测距仪

激光测距仪是一可长时间良好运行的精密仪器。激光测距仪发射一种不可视的，对眼睛无害的红外脉冲。内部先进的电子电路及高速时钟通过测量脉冲从仪器发射到目标又返回的时间差，来计算距离。激光测距仪的测量误差绝大多数情况下是 1m。

6. 夜视仪

夜视仪是为在光线昏暗和黑夜环境中观察景物而设计的，夜视仪的工作原理是将景物的辐射图像经镜会聚成像在像增强器件上，像增强系统对输入的图像进行转换、增强、放大等处理，从而在目镜上形成适合人眼观察的景物图像。NV-100-1 夜视仪的最小放大倍数为 6.3，最小视场角为 7.2，使用温度范围：-1.5~+40℃。

7. 油锯

油锯由机体、运动件、磁电机、燃料供给、启动冷却、前把手、后把手、离合器、锯切等九部分组成。是一种高度危险的伐木工具。